FAITS

POUR

SERVIR A LA PHYSIOLOGIE DE LA VIGNE

2e Mémoire lu à l'Académie de Bordeaux, et présenté à l'Institut en juillet 1858

PAR J.-P. COUERBE.

CONSTITUTION DES EAUX DU SOL.

BORDEAUX
GOUNOUILHOU, IMPRIMEUR DE L'ACADÉMIE,
place Puy-Paulin, 1.

1858

S

FAITS

POUR

SERVIR A LA PHYSIOLOGIE DE LA VIGNE

(2e Mémoire lu à l'Académie de Bordeaux [illegible])

PAR J.-P. COUERBE.

CONSTITUTION DES EAUX DU SOL

DU DOMAINE DE LA GRAVIÈRE.

BORDEAUX

GOUNOUILHOU, IMPRIMEUR DE L'ACADÉMIE,
place Puy-Paulin, 1

1858

FAITS

POUR SERVIR A LA PHYSIOLOGIE DE LA VIGNE;

PAR J.-P. COUERBE.

CONSTITUTION DES EAUX DU SOL.

Mes recherches sur la *Physiologie de la vigne* exigent la connaissance exacte de la *constitution des eaux du sol*. J'ai donc dû, avant de publier la suite de mes expériences, faire avec un soin tout particulier l'analyse de ces liquides.

Par la composition de l'eau dont s'imbibent les plantes en effet, on doit expliquer l'origine et la formation de la sève, car celle-ci ne peut être que de l'eau du sol plus ou moins *organisée;* de telle sorte, que la sève des végétaux livrée à sa décomposition spontanée doit, à quelques différences près, se reconstituer en *eau du sol.*

C'est pour apprécier et me rendre compte de ces diverses métamorphoses, que j'ai étudié l'eau qui filtre au sein de la terre végétale du lieu où je fais mes expériences, celle qui séjourne plus ou moins longtemps dans le sous-sol, celle de sources plus profondes qui s'élève par capillarité jusqu'aux racines.

Les matières salines de l'eau ne sont pas les seules qui m'ont captivé ; je me suis également occupé de l'étude des matières organiques qui les accompagnent.

Généralement, on considère comme de l'albumine la substance azotée qui se dépose avec les carbonates terreux pendant l'évaporation des eaux ; je doute pourtant que des recherches bien nettes aient été faites pour le démontrer. Doit-on dès lors considérer comme de l'albumine une substance précipitable par la chaleur, par cela seul qu'elle donne de l'ammoniaque quand on la brûle ? Sûrement non. De nouvelles recherches devenaient donc indispensables pour nous éclairer à l'égard de ces matières.

La composition de l'albumine a été déduite par divers savants d'un très-grand mérite : MM. Gay-Lussac et Thénard, Prout, Dumas et Cahours, Wurtz, Mulder, etc., s'en sont occupés successivement, et leurs résultats se confondent à peu de chose près.

L'albumine de l'œuf, abstraction faite du soufre qui s'y trouve dans le rapport de 2 p. 100 environ, se compose, d'après Gay-Lussac et Thénard, de :

Carbone	52,88
Hydrogène	7,54
Azote	15,70
Oxygène	23,88

Ces résultats conduisent très-exactement à la formule :

$$C^{70}\ H^{60}\ O^{21}\ Az^{9}.$$

Lieberkuhn, partant de la constitution des albuminates, donne à l'albumine la formule $C^{144}\ H^{112}\ O^{44}\ Az^{18}$, qui est à peu près le double de celle que j'ai calculée des résultats de Gay-Lussac et Thénard. Je néglige le soufre pour mieux comparer.

L'albumine végétale, qu'on aurait pu supposer un peu différente de l'albumine animale, a fourni à MM. Dumas et Cahours une composition presque identique; la différence, qui porte seulement sur le carbone, se trouve dans la limite des erreurs possibles, quand on songe surtout à l'extrême difficulté d'obtenir d'une pureté sans reproches les produits incristallisables.

La quantité que j'ai recueillie de substances organiques par l'évaporation de plusieurs centaines de litres d'eau, m'a permis de formuler la composition élémentaire des principales, et d'assigner ou de présumer leur état dans les eaux.

Mes recherches ayant principalement pour but d'établir un rapprochement entre la composition de l'eau du sol et celle de la sève décomposée spontanément au contact de l'air, je présenterai dans un autre Mémoire la constitution de la sève ainsi transformée, afin de nous fixer sur la métamorphose de l'eau en sève, et en produits subséquents par l'acte de la végétation.

Les analyses qui font la substance de cette dissertation ont été obtenues à l'aide de méthodes simples qui me sont particulières, et avec lesquelles je me suis familiarisé. Les résultats ont été contrôlés par une expérience spéciale que la théorie vient corroborer. Toute analyse de cette importance qui n'est pas suivie d'une épreuve de contrôle ne doit inspirer aucune garantie en ce qui touche le rapport des principes constitutifs des eaux. Tous les jours pourtant on publie des travaux de cette nature entachés de cette négligence; semblables à des recettes mensongères, ces compositions sont inscrites même sans données principales; de telle sorte qu'il est impossible de vérifier les calculs, d'estimer la valeur des résultats et d'apprécier la sagacité de l'observateur. Cette manière d'écrire la science dans un Mémoire de faits nouveaux ne saurait être trop blâmée, parce qu'elle n'est d'aucun profit pour l'enseignement et qu'elle peut faire naître des doutes sur l'exactitude des résultats. Je ferai donc en sorte d'éviter ce défaut, en plaçant le lecteur dans la possibilité de vérifier mon travail et de relever les erreurs qui pourraient s'y être glissées.

Les divers nombres qui ont servi de base à mes calculs sont :

Coefficient de dilatation des gaz... 0,00367

Poids de 1 cent. cub. d'azote.. 0gr0012562
— 1 — d'ac. carb. 0, 001977

EQUIVALENTS.

Carbone........................	75
Oxygène........................	100
Hydrogène......................	12,5
Azote..........................	175
Chlore.........................	443
Acide carbonique...............	275

Acide nitrique	675
— sulfurique	500
Soude	587
Potasse	590
Magnésie	250
Chaux	350
Baryte	958
Chlorure de sodium	750
— de potassium	935
— de magnésium	595
Carbonate de soude	662
— de potasse	865
— de magnésie	525
— de chaux	625
— de baryte	1235
Nitrate de soude	1062
— de potasse	1265
— de magnésie	925
— de chaux	1025
Sulfate de soude	887
— de potasse	1090
— de magnésie	750
— de chaux	850
— de baryte	1458

§ Ier.

Eau filtrant au sein de la terre végétale.

A la suite d'une pluie de printemps, et après que la surface du sol fut sèche d'eau apparente, une cavité de 50 centimètres de profondeur fut pratiquée au milieu d'une pièce de vigne dont le fond était argileux; l'eau qui macérait le terrain suinta aussitôt en se réunissant dans la cavité, qui pouvait contenir 15 litres. Toutes les vingt-quatre heures, on creusait un nouveau réservoir, afin d'obtenir un liquide toujours pur d'altération, ayant remarqué que l'eau du sol des vignes, par une exposition à l'air trop prolongée, perdait de sa saveur, un peu analogue à celle de la sève de vigne. Par ces soins, l'eau, après filtration, pouvait être soumise avec confiance aux évaporations ménagées.

C'est sur un pareil liquide et sur une quantité de 100 litres d'abord que j'ai expérimenté de manière à obtenir les produits fixes. On en verra plus loin les résultats, après l'examen des gaz contenus dans cette eau.

GAZ.

500 centim. cubes d'eau ont donné, à l'aide d'un appareil convenable et par une ébullition suffisamment prolongée :

Gaz..................	18	cent. cub.
à + 14° pression 0,760		—
La potasse en a absorbé..	5	—

On a donc :

Air..................	13	—
Acide carbonique........	5	—

L'air, analysé avec beaucoup de soin par le phosphore, a fourni pour résultats :

Azote.........................	70
Oxygène.......................	30

précisément le rapport qui se trouve dans l'air de la sève.

Plus loin je ferai quelques observations au sujet de l'analyse de l'air par la combustion vive du posphore.

Pendant l'extraction des gaz, il s'est déposé sur la paroi intérieure du ballon :

0gr040 carbonate calcaire.

exigeant pour se transformer en bi-carbonate 17,60 d'acide carbonique. On a obtenu 5 cent. cubes de ce gaz, qui à 0° pèsent 9,40, un peu plus de la moitié de 17,60 que donne la théorie; ce qui doit être, en raison d'un peu de carbonate de magnésie qui accompagne le carbonate de chaux. Le sel terreux déposé se trouvait conséquemment à l'état de *sesqui carbonate* dans le liquide.

Nous verrons dans d'autres paragraphes que l'eau du sous-sol et de sources renferment assez d'acide carbonique pour transformer les carbonates, qui se précipitent par l'ébullition, en *bi-carbonates*.

RÉSULTATS D'ÉVAPORATIONS.

	1°	2°	3°
Eau........	20 litres.	50 litres.	50 litres.
Obtenu :			
Prod. insoluble.	4gr250	6gr300	10gr550
soluble..	1, 085	1, 600	2, 650
	5gr335	7gr900	13gr200

Ces résultats donnent pour 1 litre :

Produit insoluble	....	0,211
— soluble	....	0,051

L'eau soumise aux expériences était parfaitement limpide, d'une densité de 1,0005.

Les évaporations ont été faites dans de grands plats en porcelaine, de la contenance de 1 lit. 1/2; ces vases, que je recommande, conviennent parfaitement dans ces recherches; ils me paraissent préférables aux capsules, parce qu'ils sont plus commodes et moins coûteux. Par leur forme, leur épaisseur, ils constituent des vases évaporatoires parfaits. Avec cinq plats de la contenance que j'indique, on peut évaporer de 15 à 20 litres d'eau par jour, à la température de 80 à 90° centigrades.

Il n'est pas toujours facile de détacher les dernières portions de carbonates terreux qui adhèrent assez fortement aux vases; aussi, comme vérification, avons-nous l'habitude de faire une expérience sur 100 cent. cubes de liquide dans une capsule légère, de la contenance de 25 cent. cubes. La pesant avant et après l'expérience, et multipliant par 10 le résultat, on a exactement le produit d'un litre, et en quelques heures on est satisfait.

La quantité de produit obtenue, qui est de 26gr500, permet de revoir et de varier les expériences de manière à être mieux fixé. Je ne pense pas, d'ailleurs, que l'on puisse se former une idée bien nette de la nature des matières organiques contenues dans les eaux en n'opérant que sur deux ou trois litres de liquide, et il n'est pas plus permis de négliger ces matières aujourd'hui que les substances salines qui les accompagnent ; car elles jouent probablement un rôle tout aussi important que les sels dans l'accroissement des plantes et dans la formation d'autres êtres qui habitent le sein des eaux ? sans compter que c'est peut-être par leur concours que l'azote s'organise dans les végétaux...

En outre des produits que je viens de signaler, on obtient constamment, vers la fin de l'expérience, nageant dans un liquide jaunâtre, des flocons chevelus insolubles dans les acides, que je décrirai brièvement au troisième paragraphe.

PRODUIT SOLUBLE.

Ce produit est d'une couleur roussâtre, légèrement alcalin, répandant une odeur de lessive lorsqu'on concentre sa dissolution. Chauffé comme pour le dessécher fortement, il dégage une odeur particulière un peu analogue à celle de l'urine qu'on évapore.

Par le contact d'un acide, sa dissolution aqueuse laisse déposer quelques légers flocons organiques bruns, et le mélange acquiert une odeur de bois de chêne ; si on chauffe après cette addition, l'odeur urineuse dont je viens de parler ne se manifeste plus. La trop petite quantité de matière m'a empêché de pénétrer ce phénomène.

Par quelques essais, j'ai pu me convaincre que le produit soluble renferme :

des chlorures,
— nitrates,
— carbonates,
— sulfates:
de la potasse,
— magnésie, etc.

Par la destruction à l'air libre de la matière organique, le produit se transforme en un sel blanc, soluble presque en totalité dans l'eau. L'expérience a donné :

100	=	 78
50	=	 59,5
80	=	 62,5

Ces rapports sont constants. Ce sel perd 22 p. 100 par son incinération. Quelques légères scintillations qui se manifestent dès le début de la combustion, indiquent la présence de *nitrates*. Le dégagement de traces de *chlore* par l'acide sulfurique indique encore un mélange de *nitrate* et de *chlorure*.

Par la calcination du produit, il est impossible de connaître le rapport exact des carbonates alcalins existant primitivement dans le sel; attendu que s'il renfermait des sels organiques, ils produiraient des carbonates avec leurs bases. Les nitrates disparaîtraient également et donneraient des carbonates par le concours des matières organiques. Il est donc indispensable de faire des expériences sur le produit directement.

J'avais d'abord pensé qu'en traitant la solution par le nitrate de baryte, on précipiterait d'une manière constante les acides sulfurique et carbonique combinés à la baryte; mais non-seulement la précipitation du carbonate est incomplète, il se mêle encore une quantité variable de matière organique qui complique les résultats. En effet, le précipité inciné m'a donné des rapports tellement différents, qu'il ne m'a pas été possible de prendre une moyenne de trois expériences.

Dans cet embarras, j'ai eu recours à d'autres moyens; et d'abord à celui qui donne le volume du gaz carbonique. Voici le résultat :

Température 18°. Pression 0,765	
Produit employé	0gr091
Gaz obtenu	2cc8
qui deviennent à 0° 76 pression	2,642
pesant	0gr00525

Ces résultats donnent p. 100 de sel :

Acide carbonique	0gr005744

produisant

Carbonate de potasse	0gr04805

L'expérience a été faite sur le mercure dans un tube divisé en 1/10e de cent. cubes. La décomposition s'opérait par l'acide chlorhydrique étendu de deux tiers d'eau. Un demi cent. cube de ce liquide était plus que suffisant pour compléter la dissolution et la décomposition.

La colonne de liquide était comptée comme gaz. La tension de la vapeur a été négligée.

ANALYSE DE CE PRODUIT PAR L'ALCOOL.

Produit soluble................	100
L'alcool a dissous..............	63
Résidu........................	37

SOLUTION ALCOOLIQUE.

Le produit primitif contenant des *chlorures*, des *nitrates*, des *sulfates* et des *carbonates*, j'ai eu pour but, en le traitant par l'alcool, de séparer les *chlorures* et les *nitrates*, des autres sels.

La solution était légèrement colorée par de la matière organique. On l'a évaporée dans un creuset de platine et faite déflagrer, étant facile, par le carbonate formé, d'apprécier la proportion du nitrate. Par cette incinération, les 63 milligr. dissous se sont réduits à 51, résultant en un sel parfaitement blanc. Cela donne 12 de perte, provenant de la matière organique et des éléments nitriques.

Le produit salin obtenu repris par l'eau s'est dissous, moins un dépôt blanc pesant 2 milligr., qui n'était que du *carbonate* de *magnésie*, reconnu à ces signes : dissous dans quelques cent. cubes d'eau légèrement acidulée, il y a eu effervescence, et la potasse caustique a donné lieu à un précipité blanc, floconneux, immédiatement soluble dans le chlorure d'ammonium.

Séparée de ce léger dépôt magnésien, la solution ne contenait ni chaux ni magnésie; précipitée par le nitrate de baryte, pour apprécier le carbonate dérivant du nitrate, elle a donné :

Carbonate de baryte 12

correspondant à

6,44 carbonate de soude

et à

10,55 nitrate de soude,

en admettant la soude pour base : ce que les nombres vérifieront plus loin.

La nouvelle solution, séparée du dépôt barytique, placée dans un flacon convenable et légèrement acidulée par l'acide nitrique, éprouvée par une solution de nitrate d'argent titrée, dont chaque cent. cube correspondait à 1 milligr. de chlore, en a saturé 26 cent. cubes, indiquant conséquemment 26 milligr. de chlore et à :

42,84 chlorure de sodium.

42.84 + 2 carb. mag. + 6.44 carb. sod. = 51,28.

En admettant la potasse pour base, on aurait obtenu 69,29; donc nous avons affaire à des composés sodiques. Ajoutons d'ailleurs, pour lever tous les doutes, que les produits donnaient à peine signe de précipité par le bi-chlorure de platine. D'un autre côté,

15 sulfate de ce produit ont donné
25 sulfate de baryte.

Or,

25 sulfate de baryte correspondent à
14,96 sulfate de soude.

L'expérience suivante rendra ces résultats encore plus concluants.

Produit soluble.................. 50
L'alcool a dissous............... 31
Résidu........................... 19

La solution desséchée et le produit déflagré a donné :

Résidu salin..................... 25

contenant le chlorure et le carbonate provenant du nitrate. Par divers traitements alcooliques faits dans le creuset même, on a dissous :

Chlorure......................... 20,5
Résidu de carbonate.............. 4,5

Cela donne p. 100 :

Chlorure......................... 41,0
Carbonates....................... 9,0

Le résidu de carbonate se compose de

2 carb. de magnésie déjà signalé,
7 — de soude.

On a trouvé plus haut 6,4 carbonate de soude par la baryte ; nous ne sommes donc pas très-éloigné.

Je puis admettre conséquemment, en partant des premiers résultats, que la portion soluble dans l'alcool, dont le poids est de 63 p. 100 de sel soluble, se compose de :

Nitrate de magnésie..........	5,52
— de soude.............	10,55
Chlorure de sodium..........	42,84
Matière organique............	6,51

Par d'autres résultats non moins importants, dérivant d'une expérience générale, on verra que ces nombres seront vérifiés et contrôlés.

La matière organique qui se présente ici en dissolution dans l'alcool est insoluble dans l'éther. Je la considère comme de l'*ulmine;* peut-être se trouve-t-elle à l'état d'ulmate, ce qui expliquerait sa solubilité dans l'eau. Il ne m'a pas été possible d'en faire une étude suffisante, encore moins de l'analyser.

RÉSIDU INSOLUBLE DANS L'ALCOOL.

Ce produit, qui se trouve dans le rapport de 37 p. 100, est d'une couleur jaune et se compose :

1° D'une matière org. azotée,
2° De sulfate de potasse,
3° De carbonate de potasse.

Son incinération détruit facilement la matière organique, en produisant du gaz ammoniacal sensible au papier de tournesol rougi, humecté et placé à la surface du creuset.

Pour apprécier le rapport de ces diverses substances, j'ai inciné le produit, qui s'est réduit :

à 27
Perte en matière organique 10

La masse saline a été saturée par l'acide acétique, qui a transformé le *carbonate* en acétate avec effervescence, et que j'ai séparé, après dessiccation, du *sulfate* par l'alcool. Le résidu, qui pesait $0^{gr}009$, précipitait abondamment par le bi-chlorure de platine et le nitrate de baryte. C'était du *sulfate de potasse.*

La portion dissoute dans l'alcool, desséchée et reprise par l'eau, précipitait également par le bi-chlorure de platine, attirait puissamment l'humidité de l'air à la manière de l'*acétate de potasse.*

Dosant maintenant le carbonate de potasse par différence, puisque nous n'avons affaire qu'à un composé de deux sels, on a $27 - 9 = 18$.

Cette expérience est satisfaisante, car on doit se rappeler que dans un essai préliminaire, et par le volume du gaz carbonique, la quantité obtenue correspondait précisément à 18,05 carbonate de potasse, le gaz s'appliquant à cette base.

Encouragé par ces résultats, j'ai voulu les vérifier par une autre épreuve non moins sûre. Pour cela, j'ai inciné la même quantité de résidu, = 37, qui s'est réduite à 27, comme dans le premier cas; sa solution dans l'eau précipitée par le nitrate de baryte, a donné :

Précipité barytique 38

L'eau hydrochloryque, en dissolvant le carbonate, l'a réduit, après lavages suffisants,

à	12

Cela donne :

Carbonate de baryte	26
Sulfate de baryte	12

sels et nombres qui correspondent à :

Carbonate de potasse	18.24
Sulfate de potasse	8,97

nombres trop forts de 0,17, mais suffisamment rapprochés des résultats précédents.

Je conclurai de ces divers essais que le carbonate de potasse existe naturellement ; que c'est à sa présence que le produit doit ses propriétés alcalines, et que la portion insoluble dans l'alcool, qui est de 37 p. 100, se compose, en nombres ronds, de :

Carbonate de potasse	18
Sulfate de potasse	9
Matière organique azotée	10

La matière organique renferme une assez forte proportion d'azote, et possède quelques propriétés de l'*acide crénique*. Si elle n'est pas soluble dans l'alcool, c'est qu'elle est probablement combinée à des traces d'alcali. On sait que les *crénates* sont insolubles dans l'alcool. Ne pouvant, faute de matière, l'étudier suffisamment ici, j'y reviendrai au paragraphe de l'*eau du sous-sol,* où cette substance se trouve en plus grande quantité combinée à la magnésie et au sulfate de chaux, qu'elle rend plus soluble.

Une expérience spéciale a été faite dans le but de vérifier, de contrôler tous les nombres déduits des essais précédents. La voici :

100 de sel soluble se sont réduits par l'incinération à 78,5. Ce produit sulfatisé a donné :

Sulfate chauffé au rouge.......... 97

Dissous dans l'eau et décomposé par le nitrate de baryte, on a obtenu :

Sulfate de baryte............. 148

Trois expériences ont amené des résultats parfaitement identiques.

Eh bien ! si nous transformons par le calcul les divers membres de l'analyse en sulfate de leur base, puis en sulfate de baryte correspondant, on doit, si l'analyse est exacte, retrouver les nombres ci-dessus. En effet,

	Analyse.	Sulfates.	S. de baryte.
Chl. sodiq....	42,84	53,42	85,53
Nit. mag.....	5,52	2,85	5,53
— sodiq....	10,53	8,63	14,77
Carb. potasse.	18,24	22,87	30,59
Sulf. potasse..	9,00	9,00	12,05
	85,93	96,77	148,47

En remplaçant les nitrates par les carbonates correspondants qu'on obtient par la calcination du sel, on a 78,52 pour 78,5 obtenus par l'expérience, 96,77 sulfate pour 97, enfin 148,47 sulfate de baryte pour 148, rapports qui ne laissent rien à désirer.

Cette méthode de contrôle, que je recommande aux analystes, est tellement exacte, que si j'obtiens une différence de plus d'un 1/2 milligr. dans le sulfate de baryte, je ne néglige jamais de recommencer l'analyse.

On n'obtient pas toujours les sels isolés comme je viens de les rencontrer; ils se mêlent souvent, suivant la température, en réagissant les uns sur les autres. C'est ainsi que le chlore, comme on le verra plus loin, se partage quelquefois sur la soude et la potasse, de manière à donner deux chlorures et à compliquer l'analyse. Mais dans le plus grand nombre des cas j'ai trouvé le chlore combiné au sodium, et je le calcule toujours ainsi quand ces deux corps se saturent dans le produit.

Quoi qu'il en soit, nous conclurons des expériences précédentes que la portion soluble de l'*eau du sol* contient p. 100 :

Chlorure de sodium..........	42,84
Nitrate de magnésie..........	5,52
— de soude.............	10,35
Matière ulmique..............	6,51
Carbonate de potasse.........	18,24
Sulfate de potasse............	9,00
Matière crénique azotée.......	9.76

Cette formule offre une particularité : c'est la présence du nitrate de magnésie avec le carbonate de potasse, qui devrait donner naissance à du carbonate de magnésie. Le fait existe cependant, et je l'attribue à la matière organique qui s'oppose, à n'en pas douter, à la réaction des deux sels. On verra, dans une autre analyse, qu'une combinaison analogue rend soluble, presque en toute proportion dans l'eau, le sulfate de chaux, qui n'est soluble, comme l'on sait, que dans le rapport 1/500 environ.

1 litre d'eau du sol contenant 0gr054 de matières solubles, sa composition devient en milligrammes environ la moitié des résultats que je viens d'obtenir. Je l'établirai plus loin dans un tableau général.

PRODUIT INSOLUBLE.

Cette portion de l'eau du sol est d'une couleur roussâtre. Des essais préliminaires n'y ont dénoté que de la *chaux*, de la *magnésie* à l'état de *carbonates*, de la *matière organique*, de l'*oxyde de fer* et un *produit siliceux*. Son analyse n'a donc pu présenter de difficultés. J'ai opéré sur 0gr500 pour apprécier la silice et l'oxyde de fer, et sur le 1/10 de cette quantité pour le dosage de la chaux et de la magnésie. En opérant ainsi :

Produit 0gr500

Traité par l'acide chlorhydrique étendu, j'ai obtenu une dissolution très-légèrement colorée et un produit siliceux, grisâtre, se séparant et se précipitant à la manière d'une substance coagulée. De là deux produits :

1° Un chlorure,
2° Un résidu siliceux.

CHLORURE

Cette solution renferme la chaux, la magnésie, des traces de matière organique et d'oxyde de fer. On l'a additionnée d'ammoniaque et d'un peu de chlorure d'ammonium [1]; l'oxyde de fer s'est précipité. Par la chaleur du bain-marie, le précipité ferrique, d'abord léger et floconneux, a pris de la cohésion et s'est aggloméré au fond du tube par le repos. On a décanté le liquide transparent, lavé le précipité, qu'on a porté dans le creuset de platine en l'aspirant avec une pipette. Desséché, chauffé au rouge,

Son poids était de......... 2 mill. $^1/_2$.

Les solutions réunies ont été ramenées au volume de 26 cent. cubes.

2 cent. cubes de cette dissolution représentent conséquemment 50 milligr. de sel terreux. Cette quantité m'a toujours paru suffisante pour la détermination de la chaux et de la magnésie, que j'obtiens par sulfatisation, parce qu'il est plus facile de maîtriser l'expérience

---

[1] Le chlorure d'ammonium, ajouté pour éviter la précipitation d'une partie de la magnésie, devient inutile si le chlorure est acide.

et les lavages dans le creuset, où toutes les opérations se pèsent et se calculent. Le chlorure d'ammonium qui se trouve dans la dissolution, après la précipitation de l'oxyde ferrique, n'entrave nullement l'analyse, ce sel étant volatil.

On prend donc 2 cent. cubes de la dissolution calcaire, et on la dessèche en la chauffant convenablement. La petite masse saline que l'on obtient n'est qu'un mélange de chlorure de calcium et de magnésium, entièrement soluble dans l'alcool, ce qui indique l'absence du sulfate de chaux. On a sulfatisé et chassé l'excès d'acide par la chaleur, puis porté le sulfate au rouge à la lampe d'émailleur. On a obtenu :

Sulfate...................... 60,5

On l'a traité par 4 cent. cubes d'eau dans le creuset même, en élevant la température. Après refroidissement de quelques heures, le liquide, décanté dans un petit tube gradué, occupait 3 1/2 cent. cubes. Le creuset, desséché et chauffé au rouge, a accusé une perte de 15 milligr., perte représentée par le sulfate de magnésie et *une certaine quantité de sulfate de chaux.*

Par un grand nombre d'expériences de ce genre, je me suis assuré qu'il se dissolvait 1 1/2 milligr. sulfate de chaux par chaque cent. cube d'eau. C'est donc dans l'espèce 5 milligr. sulfate de chaux qui ont accompagné le sulfate de magnésie. Dès lors on tire :

15 — 5 = 10 sulfate de magnésie,
et 60,5 — 10 = 50,5 sulfate de chaux.

Transformant ces résultats en carbonate, on a :

50,5 sulfate de chaux = 57,25 carbonate
10, — de magnésie = 7,00 carbonate ;

Cela donne p. 100, avec l'oxyde de fer :

Carbonate de chaux	74,5
— de magnésie	14,0
Oxyde de fer	0,5
Matière organique	4,0

La matière organique qui se trouve ici en dissolution dans les chlorures, a été évaluée par défaut. Elle est azotée, ne dégage point d'ammoniaque par la chaux caustique avant l'action de l'acide hydrochlorique ; mais par cet acide elle se transforme en *ammoniaque* et en une *matière soluble*, précipitable sans azote par les sels de plomb. C'est donc une substance analogue aux *amides*. Nous en reparlerons plus tard.

RÉSIDU SILICEUX.

Ce produit est grisâtre, insoluble dans l'eau, les acides et la solution de potasse. C'est un corps organisé à la façon des os ; c'est-à-dire que la matière organique est combinée à la silice, comme l'osséine l'est au phosphate et au carbonate de chaux.

Son poids était de	0,035
Après son incinération	28
Perte en matière organique	7

La silice était légèrement rouilleuse. Par l'acide chlorhydrique étendu de 2/3 d'eau j'en ai séparé l'oxyde de fer; après décantation et lavages, la silice s'est montrée d'un très-beau blanc.

Son poids était de............... 27
Perte en oxyde de fer........... 1

Il a été facile de s'assurer, par les réactifs du fer, que la dissolution acide contenait réellement l'oxyde indiqué par la perte.

L'oxyde de fer qui se décèle par l'incinération ne doit pas être considéré comme faisant partie constituante de la matière organique, car par l'acide hydrochlorique aidé de la chaleur on en sépare la plus grande partie; le reste appartient à la silice. D'un autre côté, on verra plus loin que notre eau de source fournit la même substance exempte de fer.

Quant au résidu blanc de silice, on l'a fondu avec du carbonate de soude pour obtenir la silice dans son plus grand état de pureté, en suivant à cet égard les soins et les procédés bien connus. On a eu :

Silice pure.................. 25,5

La solution et les eaux de lavages, traitées par l'ammoniaque, ont précipité une matière blanche, gélatineuse, se déposant difficilement, insoluble dans le chlorure d'ammonium, soluble en entier dans la potasse caustique, que je considère comme de l'*alumine*. On a donc par différence :

Alumine...................... 1,5

Toutes ces opérations se passent dans un creuset de platine de la contenance de 10 gram. d'eau. Pesant constamment les résidus dans le creuset même, les erreurs deviennent à peu près nulles si les soins sont observés.

D'après ces expériences, le résidu siliceux se compose de :

Silice	25,5
Alumine	1,5
Oxyde de fer	1,0
Matière organique azotée	7,0

Je formulerai conséquemment la composition du produit terreux carbonaté, sur 100, par :

Carbonate de chaux	74,5
— de magnésie	14,0
Oxyde de fer	0,5
Matière organique soluble	4,2
Silice avec trace d'alumine	5,2
Substance azotée	1,6

Si on jette un coup d'œil sur cette composition, on remarque qu'elle peut perdre par une chaleur rouge :

40,10 d'acide carbonique.
5,80 matière organique.
45,90

Or, si l'analyse est exacte, 100 soumis à l'incinération doivent se réduire à 54,1, composé de silice, de chaux et de magnésie caustiques. Deux expériences ont donné très-exactement 54.

La matière organique combinée à la silice contient

de l'azote, ce que l'on peut constater en plaçant, pendant sa combustion, un papier de tournesol rougi et humecté à la surface du creuset. Et comme jusqu'à présent cette substance a été confondue avec l'albumine, on me saura peut-être gré des recherches auxquelles je vais me livrer pour en connaître sa composition élémentaire.

35 de résidu siliceux contenant 7 de matière organique, cela donne un rapport assez simple de 20 p. 100. Il est donc facile, en brûlant une quantité connue de ce produit, de connaître la proportion réelle de matière organique. C'est une sorte de capacité de saturation à prendre.

Pour obtenir ce composé siliceux, il suffit de traiter les carbonates terreux qui le renferment par l'acide chlorhydrique étendu, en ayant soin de tenir la solution légèrement acide, et de laver le résidu grisâtre qui se dépose, jusqu'à ce que les eaux de lavage soient insensibles au nitrate d'argent. Dans cet état, on le jette dans un filtre pour le sécher.

La recherche de ce rapport nécessite une balance prompte aux pesées, parce que cette matière absorbe facilement 5 p. 100 d'eau, qui semble nécessaire à sa constitution normale.

Cette propriété, que possède cette substance d'absorber assez rapidement l'humidité dans une proportion constante, ne dépend pas seulement de la matière organique, elle se rattache à l'*état globulaire* dans lequel se trouve la silice [1].

---

[1] Dans un autre travail, je ferai connaître une variété d'*hydrophane* que j'ai obtenue, qui contient 35 0/0 d'eau, qu'elle

Dans l'espèce, 1 gram. de sel terreux produit 0,070 de silice organique; 15 gram. en donnent 1^gr^050, contenant 0,210 matière organique. Cette quantité est plus que suffisante pour doser le carbone et l'hydrogène, et la moitié de cette quantité pour doser l'azote. Ces rapports correspondent à 100 litres d'eau environ.

AZOTE.

Résidu siliceux........... 0^{gr} 400, contenant
Matière azotée............... 80

Obtenu :

Temp. + 11°, $0^{m}764$ de pression.
Gaz azote..................... $4^{cc}5$

qui, réductions faites, deviennent à :

$4^{cc}154$

Cela donne p. 100 de matière organique :

Gaz azote............... $5^{cc}192$
Pesant.................. $0^{gr}006525$

---

peut perdre par la chaleur pour la reprendre très-exactement en moins de 24 heures, au contact de l'air.

Pendant longtemps, j'ai pris cette substance pour de la *gibsite* (hydrate d'alumine), qui se compose, comme l'on sait, de

35 d'eau
et de 65 d'alumine.

Ce n'est que par des expériences minutieuses que j'ai pu me convaincre que j'avais réellement affaire à un *hydrate de silice pur*, paraissant globuliforme au microscope.

Le dosage de l'azote a été effectué d'après la méthode de M. Dumas, qui consiste à brûler par l'oxyde de cuivre une quantité connue de matière dans un appareil purgé d'air, appareil que je dispose toutefois d'une manière plus simple et moins fragile que ne le fait M. Dumas. Avant et après l'analyse, j'ai fait passer un courant de gaz carbonique fourni par du carbonate de plomb, placé à cet effet au fond du tube à combustion. Le tube, entouré d'un manchon de fort clinquant, a été chauffé graduellement jusqu'au rouge. Après l'expérience, le mercure est remonté dans le tube conducteur du gaz à la hauteur de 55 cent., et s'y est maintenu, indice d'une bonne construction d'appareil.

Au mélange de matière et d'oxyde de cuivre, j'ai ajouté quelques grammes de carbonate de plomb (du carbonate de cuivre serait préférable); de là une atmosphère de gaz carbonique dans laquelle l'azote se trouvait mêlé et entraîné dans une éprouvette, où il rencontrait une solution de potasse qui en opérait la séparation. La potasse est restée incolore et le gaz sans odeur. L'expérience s'est donc faite dans les conditions les plus favorables pour amener un résultat précis.

CARBONE ET HYDROGÈNE.

Résidu siliceux............. 0gr650, contenant
Matière organique azotée..... 150

Obtenu :

Acide carbonique........... 185
Eau...................... 88

Cela donne p. 100 de matière organique :

A. carbonique.	140,77 =	carbone...	58,59
Eau..........	67,69 =	hydrogène.	7,51

La détermination du carbonne et de l'hydrogène a été obtenue à l'aide d'un système d'appareil très-connu, dans lequel la substance est brûlée et transformée en eau et en acide carbonique. L'eau est reçue dans un tube plein d'amianthe ou de ponce sulfurique, et l'acide carbonique dans le tube à boules de Liébig, condenseur ingénieux que l'on peut aisément souffler soi-même. Après l'expérience, le surcroît des deux tubes donne précisément l'eau et l'acide carbonique, et par suite l'équivalent de carbone et de l'hydrogène.

Lorsque les matières sont difficiles à brûler, je fais subir une légère modification aux procédés ordinaires : je place au fond du tube, au lieu d'oxyde de cuivre pur, un mélange de cet oxyde et d'environ 3 grammes d'acide plombique, qui, chauffé à la fin de l'expérience, emplit bientôt tout l'appareil d'oxygène et complète la combustion.

Quoi qu'il en soit, il résulte des données précédentes, que la matière azotée, organisée avec la silice, se compose de :

Carbone....................	58,59
Hydrogène..................	7,51
Azote......................	6,52
Oxygène....................	47,58

Cette composition conduit à la formule $C^{14} H^{16} O^{13} A_7$

qu'il est impossible de faire rentrer dans celle de l'albumine.

Je sais pourtant que des esprits difficiles pourraient, à la rigueur, attaquer la pureté de cette matière et la considérer, par exemple, comme un mélange de 41,60 d'albumine (l'azote répondant à cette quantité), et de 58,41 d'un corps inconnu qui aurait pour formule $C^5 H^8 O^9$. Mais l'objection ne serait pas sérieuse, car l'on conçoit qu'il n'est pas de principe immédiat azoté contenant moins de 16 p. 100 d'azote, et suffisamment riche en carbone, qu'on ne puisse dédoubler de cette façon. Je n'admettrai conséquemment ces sortes de subtilités que sur une expérience décisive, les jeux d'esprit n'étant pas du domaine des sciences exactes.

Je considérerai donc cette matière comme distincte; l'ayant constamment rencontrée dans les eaux, je lui propose la dénomination d'*hydruline.*

La combinaison de l'hydruline avec la silice est très-remarquable; elle constitue une substance véritablement organisée, qui, nouvellement obtenue et vue au microscope, paraît roussâtre, transparente et globulaire, mêlée à quelques filaments irréguliers dérivant d'organisations plus complètes et de même nature. C'est sans nul doute cette matière globuleuse qui donne naissance aux organisations capillaires dont j'ai parlé, et sur lesquelles nous reviendrons. Je distingue cette combinaison physiologique de silice et d'hydruline par le nom de *globulithe*

Reste maintenant à formuler la composition d'un litre d'eau du sol.

La matière azotée qui accompagne les carbonates terreux et que l'acide chlorhydrique dissout, présente, comme je l'ai déjà dit, les caractères d'une *amide;* c'est-à-dire que les acides la transforment en ammoniaque qui n'existait pas et en une matière non azotée. Il y a donc quatre substances organiques dans cette eau ; savoir : une *matière ulmique;* 2° une *amide,* que j'appellerai provisoirement *hydramide;* 3° une matière crénique ; 4° l'*hydruline.* Je placerai ces quatre substances à la fin du tableau.

Le carbonate de chaux qui se dépose par l'ébullition du liquide, comparé à la quantité d'acide carbonique qui se dégage, indique que ce sel est tenu en dissolution sous forme de *sesqui-carbonate,* et que l'excédant de sel terreux reste dissous à la faveur de la masse d'eau et des autres principes tant organiques que salins. Conséquemment, l'eau ne renferme pas d'acide carbonique libre.

Ayant obtenu 0gr019 d'acide carbonique, cela donne 0,106 *sesqui-carbonate de chaux,* en l'appliquant au sel de chaux. Il devient donc facile maintenant de dresser le tableau de la composition de l'eau qui nous occupe. Le voici par ordre d'opérations :

Température de l'eau, = celle de l'air ambiant.

Densité....................	1,0005
Acide carbonique libre......	0
Air atmosphérique..........	25 cent. cub.
Oxygène.................	5

Chlorure de sodium..........	0gr025
Nitrate de magnésie..........	0, 002
— de soude............	0, 006
Carbonate de potasse.........	0, 010
Sulfate de potasse............	0, 005
Sesqui-carbonate de chaux....	0, 106
Carbonate de chaux..........	0, 070
— de magnésie........	0, 030
Oxyde de fer...............	0, 001
Silice......................	0, 012
Alumine....................	0, 001
Matière ulmique.............	0, 005
— crénique [1]...........	005
Hydramide.................	0, 008
Hydruline.................	0, 005
	0gr285

0,284 — 19 acide carbonique = 265, trouvés par l'expérience.

§ II.

Eau du sous-sol.

Ce liquide filtrait au travers d'une couche de sable blanc, très-pur, brillant au soleil, contenant à peine des traces de matières organiques, placée sous une légère couche de terre argileuse, déposée elle-même à 50 centi-

---

[1] Cette matière recevra plus loin le nom d'*acide azocrénique*.

mètres sous la terre végétale. Plus profondément, ce banc de sable prend une teinte brunâtre et présente l'aspect d'un alios désagrégé.

C'est au milieu d'une pièce de trois hectares et sur un point où la vigne, malgré les soins, succombait après quelques années, que j'ai fait pratiquer des travaux coûteux dans le but de connaître la cause de l'infertilité du terrain. Arrivé à 1 mètre de profondeur, une eau un peu louche, légèrement écumeuse, a ruisselé dans la cavité que nous formions par l'enlèvement du sable et de l'argile, tellement qu'après quelques jours de travail je me suis trouvé en présence d'un petit lac de 190 mètres carrés.

L'abondance avec laquelle l'eau se réunissait dans le réservoir m'indiquait que la superposition des couches était accidentée, qu'à peu de distance l'argile bornait l'amas sablonneux, formait comme les bords d'un bassin dans lequel l'eau se réunissait et stagnait. C'est ce que des sondages ont vérifié.

L'analyse de l'eau du sous-sol a été faite d'après les principes que je viens d'exposer. Toutefois, ce liquide présentant une composition un peu différente de l'eau du sol, j'entrerai dans quelques détails utiles.

GAZ.

250 cent. cubes d'eau ont produit :

13,5 de gaz contenant à + 10° et à $0^{m}768$ de pression.

Acide carbonique	8
Air	5,5

L'air analysé par la combustion vive du phosphore a donné les résultats qui suivent :

Air..........................	46 volumes.
Résidu d'azote...............	56,5

Cela donne p. 100 volumes :

Azote........................	79,55
Oxygène......................	20,65

On peut donc considérer l'air contenu dans l'eau du sous-sol comme étant semblable, par sa composition d'oxygène et d'azote, à l'air atmosphérique.

Le résidu calcaire légèrement coloré déposé dans le ballon, pesait 0,034; dissous par l'acide chlorhydrique et sulfatisé, il a produit :

Sulfate chauffé au rouge.......	45

contenant :

Sulfate de magnésie..........	2
— de chaux.............	43

résultats qui correspondent à :

Carbonate de magnésie........	1,4
— de chaux.............	31,6

1,4 carb. magnésie contiennent	0,73 A. carb.
31,6 — de chaux...........	13,90

On a trouvé plus haut 8 cent. cubes d'acide carbonique qui se réduisent à 0°, et 0m76 de pression

à.....................	7,795
Pesant................	0gr015,41

Or, c'est environ la quantité qu'exigent les carbonates précipités pour passer à l'état de bi-carbonates. Ces sels se trouvaient donc sous ce dernier état dans l'eau. Néanmoins, je ne les considérerai pas ainsi, et ils seront portés, sur le tableau de la composition de ce liquide, comme *sesqui-carbonates*.

PRODUITS D'ÉVAPORATIONS.

L'eau, avant d'être soumise aux évaporations, a été filtrée. Dans ce dernier état, elle était parfaitement limpide, d'une saveur terreuse, d'une densité de :

1,0005

Résultats :

	1°	2°
Eau..............	50 litres.	60
Produits solubles...	2gr570	5,080
— insolubles..	8, 500	10,200
	11gr070	15,280

Ce qui fait pour 1 litre :

Produit soluble..................	0,0514
— insoluble.................	0,1700
	0,2214

Comme dans l'évaporation de l'eau précédente, j'ai obtenu de petites houppes siliceuses, sur lesquelles adhéraient une multitude de grains de carbonate de chaux. Ces faisceaux, composés de tubes capillaires, reparaissant ici, ne peuvent être que des conferves. Elles sont très-répandues; nous les retrouverons encore dans l'eau de source, bien qu'elle ne renferme que des traces de matières organiques.

PRODUIT SOLUBLE.

Ce composé, qui est d'une couleur jaunâtre, est neutre au papier de tournesol, et attire facilement l'humidité de l'air. En voici les caractères principaux :

Sa calcination produit une très-vive déflagration, indice d'un mélange de *matière organique* et de *nitrate*. Le lavage du résidu de la déflagration laisse un dépôt calcaire qui dégage de l'hydrogène sulfuré par un acide, indice de la présence d'un *sulfate*. La solution précipite en jaune par le chlorure de platine, cela indique de la *potasse*.

L'acide sulfurique concentré en dégage du chlore, signe d'un mélange de *chlorure* et de *nitrate*, un pareil mélange dégageant constamment du chlore par l'acide sulfurique.

Le nitrate de baryte précipite, surtout à l'aide d'une légère chaleur, un mélange de sulfate de baryte et d'une *matière extractive*. Cela semble indiquer l'existence d'une combinaison de cette matière avec une base.

Nous verrons plus tard que cette base n'est autre que la *magnésie*. Le *sulfate* qu'indique le sel de baryte a déjà été entrevu plus haut par la présence du sulfure.

L'alcool en dissout un peu plus de la moitié de son poids, qui précipite par le nitrate d'argent, se composant de *nitrates* et de *chlorures* déjà indiqués.

D'après ces signes, le produit en question renferme au moins

des chlorures.
— nitrates,
— sulfates,
à base de chaux.
— potasse.

On verra plus loin que la *soude* et la *magnésie* en font partie.

ANALYSE PAR L'ALCOOL.

Produit soluble.	100
L'alcool a dissous.	56
Résidu.	41
Perte en humidité.	3

Les traitements alcooliques ont été faits dans un petit creuset de platine de la contenance de 10 gram. d'eau, et la substance pesée dans le creuset même. Trois macérations, aidées d'une très-légère chaleur, ont été suffisantes pour séparer les principes solubles. Les décantations se faisaient à l'aide d'une pipette convenable, moyen préférable au filtre quand on opère sur d'aussi faibles proportions; et, avec des balances qui apprécient le 1/4 de milligramme, employer plus de 0gr100 de matière, c'est vouloir perdre du temps et compromettre l'analyse. Par un quatrième lavage, on s'assurait que les portions solubles étaient complétement enlevées.

SOLUTION ALCOOLIQUE.

Soumise à une évaporation ménagée, elle a fourni un résidu salin coloré légèrement en jaune. Ce résidu, chauffé avec ménagement, est entré en fusion, et la matière organique, qui est analogue à l'ulmine, s'est consumée sans déflagration sensible, malgré la présence des nitrates.

Dosant, comme précédemment, les nitrates par les carbonates obtenus, et le sel ne contenant pas assez de matière organique pour la destruction complète des nitrates en carbonates, j'ai projeté quelques milligrammes de sucre en poudre sur le sel en fusion. L'expérience, qui exige quelques précautions, s'est faite avec déflagration. J'ai obtenu :

Résidu salin.................... 40

Traité par un peu d'eau, il s'est dissous, moins un dépôt calcaire pesant 3, composé de :

Carbonate de chaux.............. 2
— de magnésie............ 1

correspondant à :

Nitrate de chaux 3,28
— de magnésie. 1,76

J'ai apprécié ces deux carbonates en les dissolvant dans un peu d'eau hydrochlorique, saturant par l'ammoniaque et précipitant par son oxalate. La solution renfermait la magnésie, qu'il a été facile de caractériser. Le poids de la chaux caustique obtenu de la calcination de l'oxalate conduit à celui du carbonate et à celui de magnésie par différence.

Les chlorures et les carbonates alcalins contenus dans la solution pesaient 27. Par l'alcool, on a dissous le chlorure sans toucher au carbonate, qui était sans action sur le chlorure de platine. Son poids était de 16. C'était du *carbonate de soude.*

16 carbonate de soude = 25,67 nitrate.

La portion dissoute dans l'alcool agissait sur le bichlorure de platine et pesait 21 milligr.

Sulfatisée, on a obtenu :

Sulfate fondu. 25

Dissous et précipité par le nitrate de baryte, il a donné :

Sulfate de baryte. 59,5

Du chlorure de potassium aurait produit :

Sulfate alcalin. 24,4
— de baryte. 52,8

Le chlorure ne contenant ni chaux ni magnésie, ne

peut être qu'un mélange de *chlorure* de *potassium* et de *sodium*.

Dans une autre expérience, le produit de la déflagration, dégagé par l'eau des 0gr003 carbonates terreux déjà caractérisés, précipité par le nitrate de baryte, a donné :

Carbonate de baryte........... 29,5

correspondant à :

Carbonate de soude............ 15,8

On a trouvé plus haut 16 par l'alcool. Ces deux expériences se contrôlent et ne peuvent résulter du hasard.

Le liquide, surnageant le dépôt barytique contenant les chlorures, a saturé 12 cent. cubes de nitrate d'argent titré, qui correspondent à *12 milligr. de chlore.*

Il devient facile maintenant de répondre aux chiffres trouvés plus haut en portant :

3 chlore sur le potassium.
9 — sur le sodium.

On obtient :

6,30 chlorure de potassium.
14,80 — de sodium.

6,30 + 14,80 = 51,10 trouvés par l'alcool, et produisant par la théorie :

Sulfates.................... 25,54
Sulfate de baryte............. 59,40

nombres presque obtenus par l'expérience.

Enfin, pour contrôler tous ces résultats, j'ai sulfatisé le produit de la déflagration, qui pesait 40, et j'ai obtenu :

Sulfate........................ 51

Dissous et décomposé par le nitrate de baryte, il a précipité :

Sulfate de baryte................ 82

Ces nombres s'obtiennent d'une manière constante ; trois expériences ont fourni exactement les mêmes résultats. Eh bien ! les divers membres de l'analyse calculés dans cet esprit produisent précisément ces nombres. En voici le tableau :

		Sulfates.	S. baryte.
Carb. de soude...	16,00	21,45	35,24
— de chaux...	2,00	2,71	4,65
— de magnésie	1,00	1,45	2,78
Chlorure sodique.	14,80	17,98	29,56
— potassiq....	6,50	7,56	9,84
	40,10	50,95	82,07

Les précipités barytiques se font dans un tube de verre vert, de la capacité de 30 cent. cubes environ, d'une longueur de 20 cent. Dans ces tubes, les précipités n'adhèrent pas à leur paroi. Le sel de baryte, après lavages, est versé dans un creuset de platine à l'aide d'un peu d'eau, où après nouveau dépôt il est desséché et chauffé au rouge pour le peser. L'expérience se fait si bien, qu'elle s'opère sans la moindre perte, à tel point qu'avec un peu d'art on peut répondre du plus léger poids que la balance peut indiquer. Je n'ai jamais pu obtenir de résultats aussi précis avec le même réactif titré, parce que les précipités barytiques ne sont pas complétement instantanés.

Les précipités de carbonates sont plus légers et semblent graisser les tubes. Lorsqu'on les chauffe au bain-marie, comme j'ai coutume de le faire, il s'élève parfois des bulles opalines à la surface du liquide, et y séjournent en formant un léger anneau de carbonate qui résiste aux lavages. Lorsque cela se présente, il est indispensable de peser le précipité dans le tube même, après l'avoir séché par un courant d'air sec et chauffé fortement.

Des expériences qui précèdent, nous conclurons que la portion soluble dans l'alcool ne contient que des nitrates et des chlorures dans les proportions suivantes :

Nitrate de soude	25,67
— de chaux	5,28
— de magnésie	1,76
Chlorure de sodium	14,80
— de potassium	6,50
Matière organique	4,19
	56,00

PRODUIT INSOLUBLE DANS L'ALCOOL.

Par des essais préalables, je me suis assuré que ce résidu, que nous avons trouvé pesant 44 et qui est sous forme de poudre jaune, contenait :

Du sulfate de chaux,
De la magnésie,
Une mat. org. azotée.

Ce qui rend ce produit remarquable, c'est, malgré la présence du sulfate de chaux, sa solubilité presque en toutes proportions dans l'eau. Ce caractère ne peut dépendre que de la matière organique, qui forme une sorte de combinaison saline avec la magnésie, dans laquelle le sulfate de chaux serait soluble.

Par l'incinération, une partie du sulfate donne des traces de sulfure, et le sel magnésien se transforme en carbonate. Pour éviter la formation du sulfure de calcium, j'ai ajouté un mince cristal de nitrate d'ammoniaque, et chauffé au rouge pour amener la magnésie à l'état caustique. Le sel obtenu pesait 15. Après avoir saturé la magnésie par l'acide chlorhydrique et ajouté un peu de chlorure d'ammonium pour éviter la décomposition du chlorure de magnésium, le tout a été chauffé fortement. Le nouveau mélange salin, qui pesait 22, était formé de *chlorure de magnésium* et de *sulfate de chaux*. Par l'alcool, j'ai dissous le chlorure sans toucher au sulfate, qui pesait 10. 22 — 10 = 12 chlorure magnésium.

12 chl. de magnésium = 5 de magnésie.

On a pu se convaincre que ce chlorure était bien à base de magnésium en évaporant la solution alcoolique, reprenant par l'eau et soumettant le liquide aux réactifs propres à décéler la magnésie.

Si, au lieu de transformer le produit en chlorure on le traite par l'acide sulfurique, on obtient un double sulfate, qui pèse 25 et que l'on sépare aisément en :

Sulfate de chaux................ 10
— de magnésie............ 15

Or, 15 sulfate de magnésie correspondent exactement à 5 de magnésie et à 12 environ chlorure de magnésium : le calcul donne 11,86. Je formulerai dès lors la composition du produit en question par :

Sulfate de chaux..................	10
Magnésie........................	5
Matière organique azotée...........	26

1 litre d'eau du sous-sol contenant 0^{gr}0514 de matières solubles en toutes proportions dans l'eau, il devient facile de rapporter les résultats obtenus au litre par une série de proportions. A la fin de l'analyse, on trouvera ce rapport dans un tableau.

La matière organique qui accompagne la magnésie et le sulfate de chaux renferme de l'azote, que j'ai déterminé très-exactement, ainsi que la proportion des autres éléments, par les expériences suivantes :

AZOTE.

Produit insoluble dans l'alcool 0^{gr}110.

Temp. = 10°,5. Pression. 0,775

Gaz azote.....................	2^{cc}9

Les réductions faites, on a :

Gaz azote.................	2,845
Pesant....................	0^{gr}003574

41 de ce produit contenant très-exactement 26 de

matière organique, 110 en contiennent 69,75. Or, ramenant les résultats à 100 on a :

$$69{,}75 : 3574 :: 100 : x$$

$$x = \frac{3574 \times 100}{69{,}75} = 5{,}124.$$

CARBONE ET HYDROGÈNE.

Produit............... 0gr350, contenant
Matière organique...... 220,5

Obtenu :

Acide carbonique......... 390
Eau.................... 105

Cela donne p. 100 de matière organique :

Acide carbonique..	176,866	= carbone..	48,231
Eau.............	46,710	hydrog...	5,185

On a donc pour composition élémentaire :

Carbone....................	48,231
Hydrogène..................	5,185
Azote......................	5,124
Oxygène....................	41,460

Ces résultats conduisent à la formule

$$C^{22}\ H^{14}\ O^{15}\ Az$$

qui représente un hydrate de carbone combiné à un

équivalent d'azote. La composition théorique de cette formule devient :

Carbone	48,529
Hydrogène	5,147
Azote	5,147
Oxygène	41,077

Les caractères du produit magnésien qui vient d'être analysé tendent à le faire confondre avec les *crénates ;* comme eux, il est légèrement astringent, insoluble dans l'alcool, même faible; soluble dans l'eau, qu'il colore en brun de caramel; précipite les sels ferriques en roux clair, les sels de cuivre en vert sale, ceux d'argent en jaune rosé.

Mulder, qui s'est occupé des matières brunes de nature ulmique, a fait l'analyse de l'acide crénique, et il admet que son azote appartient à de l'ammoniaque, qu'il a séparée par l'acide acétique. D'après ces vues, l'acide crénique de Berzélius serait un *sur-crénate ammoniacal,* et les crénates naturellement des *sels doubles.*

L'acide crénique, selon Mulder, a pour formule : $C^{24} H^{12} O^{16}$, qui conduit à la composition théorique que voici :

Carbone	50,77
Hydrogène	4,22
Oxygène	45,01

De mon côté, j'ai fait quelques expériences pour m'éclairer sur ce point à l'égard du produit dont je viens de donner l'analyse, et il ne m'a pas été possible d'obtenir un sel ammoniacal par les acides. La chaux potassée n'en dégageait pas non plus d'ammoniaque à la température ordinaire. Je n'ai pas été plus heureux en précipitant par le sous-acétate de plomb; le précipité plombique, de couleur jaune, contenait encore de l'azote. D'où il faut conclure que l'azote se trouve ici, comme les autres éléments, sans combinaison préalable.

N'ayant fait aucune expérience sur l'acide crénique directement, je ne puis discuter le travail de Mulder; mais ce qu'il y a de positif, c'est que le produit sur lequel j'ai expérimenté, et qui paraît revêtu de quelques propriétés des crénates de Berzélius, n'a pu me donner d'ammoniaque sans sa destruction complète. En raison de cette particularité, je propose à la matière organique qui le constitue la dénomination d'*acide azocrénique*.

Il est néanmoins fort curieux de voir l'analyse de Mulder présenter un certain rapport avec celle que je viens de formuler. En effet, supprimons de notre analyse l'azote comme ammoniaque, eh bien! on trouve que 5,147 d'azote exigeant 1,100 d'hydrogène, l'analyse renferme 5,147 d'hydrogène.

En sortir	1,100
Reste	4,047

D'après cela, la composition devient :

Carbone	48,529
Hydrogène	4,047
Oxygène	41,077
	93,653

Si on ramène ces nombres à 100, on obtient :

Carbone..................	51,81
Hydrogène................	4,52
Oxygène..................	45,87
	100,00

nombres peu distincts de ceux de Mulder, et qui conduisent, en admettant 24 équivalents de carbone, à la formule $C^{24} H^{12} O^{15}$, qui ne diffère de celle de ce savant que par un équivalent d'oxygène en moins.

Plus brièvement, on peut opérer sur la formule représentée ainsi :

$$C^{22} H^{11} O^{14} + H^3 Az$$

Ramenant le premier membre au rapport de 24 at. de carbone, on obtient :

Pour l'hydrogène. 22 : 11 :: 24 : x = 12,0
— l'oxygène... 22 : 14 :: 24 : x = 15,2

et la formule devient, comme dans le cas précédent, $C^{24} H^{12} O^{15}$.

Cette coïncidence est en vérité très-remarquable, et elle indique clairement que nous avons eu affaire, Mulder en Allemagne et moi à Verteuil, à des *composés créniques*.

Je ne m'attendais guère, en commençant la rédaction de ce paragraphe, à cet intéressant travail de chiffres, qui me fait naître le désir, malgré le peu de temps que j'ai à sacrifier aux sciences, d'obtenir une quantité suffisante de ce produit, puisque j'en possède une source, et d'en faire une étude aussi approfondie que pourront le permettre mes connaissances. Ce travail, d'ailleurs, est d'autant plus nécessaire que le composé magnésien n'est pas une combinaison définie, qu'il ne peut conséquemment servir à contrôler l'analyse élémentaire, qui conduit à l'équivalent 3,302 ; tandis que le chiffre qui découle du composé magnésien = 1,300, qui n'est pas un sous-multiple précisément simple du premier. Il est : : 1 : 2,54.

Ce composé magnésien ne peut donc être considéré que comme un mélange qui réclame de nouveaux renseignements.

PRODUIT INSOLUBLE.

Cette portion des éléments de l'eau est d'une couleur roussâtre ; elle renferme les carbonates terreux, la silice, des matières organiques, etc. L'acide chlorhydrique en dissout les carbonates avec effervescence et environ les deux tiers de la matière organique, ainsi que des traces d'oxyde de fer.

ANALYSE.

Produit.................... 0gr500

Après l'action complète de l'acide hydrochlorique, il est resté un résidu siliceux pesant 0,48. Les autres substances se trouvaient dans la dissolution à l'état de *chlorures*.

CHLORURE.

Il était d'une couleur jaune, couleur due à la matière organique, qui sera évaluée par défaut. Traité par l'ammoniaque, l'oxyde de fer s'est précipité. Cet oxyde, recueilli et calciné, pesait 0,010.

La dissolution a été concentrée jusqu'au volume de 20 cent. cubes. 2 cent. cubes de ce liquide, comme nous l'avons déjà dit, représentent 0,050 de produit terreux. Cette quantité, desséchée de manière à en chasser l'excès d'acide, reprise par l'alcool, s'est dissoute, sauf des traces de matière organique mi-charbonée. La solution alcoolique, évaporée à siccité et sulfatisée, a donné :

Sulfate........................ 56

4 cent. cubes d'eau en ont dissous 8, contenant :

Sulfate de chaux................	6
— de magnésie.............	2

On a donc :

Sulfate de chaux...	54 =	carbonate...	59,70
— de magnésie.	2 =	— ...	1,40

Cela donne p. 100 :

Carbonate de chaux...........	79,40
— de magnésie........	2,80
Oxyde de fer................	2,00
Matière organique............	6,20

La matière organique, qui adhère aux carbonates terreux à la manière d'une *laque*, contient de l'azote, et me paraît être en tout semblable à celle que j'ai signalée dans l'eau du sol, et qui a été désignée par le nom d'*hydramide*.

Les carbonates terreux ne dégagent point d'ammoniaque par les alcalis à la température ordinaire; mais si on les dissout dans l'acide chlorhydrique, la matière organique qui leur est adhérente se dédouble en ammoniaque et en une substance non azotée, que l'on peut précipiter par les sels de plomb, principalement par le sous-acétate.

Par l'incinération du précipité plombique mêlé d'un peu de chaux sodée, on peut se convaincre que l'azote ne fait pas partie de ce composé. Il n'en est pas de même des eaux mères, qu'il suffit de dessécher et de calciner avec de la chaux pure ou sodée pour obtenir de l'ammoniaque.

Ici, comme dans le cas de l'eau du sol, la matière organique jaunâtre qui se dépose avec les carbonates terreux est une substance analogue aux *amides*. Le nom d'*hydramide* lui sera donc conservé dans ce Mémoire.

Les carbonates terreux m'ayant fait défaut, il ne m'a pas été possible d'étudier cette matière à fond et de l'analyser. Mais par une expérience qui a parfaitement réussi, j'ai pu apprécier la quantité d'azote, et cela en brûlant le carbonate terreux, qui contient l'hydramide avec l'hydruline.

Dans l'espèce, 2 gr. de ce carbonate contiennent :

0,124 d'hydramide et 0,058 d'hydruline.

2 grammes carbonate terreux, brûlés d'après la méthode de M. Dumas dont j'ai parlé, ont donné, la température étant à + 11°, la pression 0m764 :

Gaz azote 7cc7:

Réductions faites, ils deviennent 7,57,

Pesant 0gr0095

Nous savons déjà que l'hydruline renferme 6,42 d'azote p. 100 ; 38 en renferment donc 2,44. Dès lors :

9,5 — 2,44 = 7,6 d'azote, appartenant à 124 d'hydramide.

Or,

$$124 \,.\, 7,06 :: 100 : x. \; x = 5,69.$$

D'après ces résultats de calcul, l'hydramide renfermerait 5,69 d'azote p. 100, et donnerait 6,90 d'ammoniaque en se dédoublant par les acides.

La propriété que possède l'hydramide de se dédoubler en ammoniaque, etc., par les acides, rapproche cette substance de la matière crénique analysée par Mulder.

RÉSIDU SILICEUX.

Assez ordinairement, on considère comme de la silice cette portion qui résiste à l'acide chlorhydrique ; je l'ai presque toujours trouvée combinée à des traces d'alumine, de chaux, d'oxyde de fer ou de magnésie. Il est donc important de ne pas s'arrêter à l'action des acides, d'autant plus qu'elle est constamment combinée à de la matière organique. Dans le cas qui nous occupe,

Ce résidu siliceux pesait.....	0,048
Après calcination...........	,038,5
Perte en matière organique..	9,5

Le résidu de la calcination était rouilleux; fondu avec du carbonate de soude, et la frite traitée convenablement, la silice s'est présentée à l'état de pureté.

Son poids était de...............	35

La solution, qu'on avait acidulée par l'acide chlorhydrique, contenait la perte. Elle a précipité l'*oxyde de fer* par la potasse; le liquide, acidulé de nouveau, a donné de l'*alumine* par l'ammoniaque et de la *chaux* par son oxalate. Le résidu siliceux contient, d'après ces résultats :

Hydruline....................	9,5
Silice.......................	35
Alumine..................... Chaux....................... Oxyde de fer................	3,5
	48,0

Ces rapports correspondent à 0gr500 de produit carbonaté. 1 litre d'eau n'en contenant que 0,170, les résultats pour 1 litre deviennent :

Hydruline	5,25
Silice	11,90
Alumine, Chaux, Oxyde de fer	1,19
	16,52

La matière organique azotée, ou l'*hydruline*, se trouve, dans ce composé siliceux, dans le rapport de 20 p. 100, comme dans celui de l'eau précédente. Il devenait curieux, cela étant, d'en chercher la proportion de ses éléments organiques, la constance de composition caractérisant les principes immédiats définis.

AZOTE.

Globulithe	0gr400, contenant
Hydruline	80
Température + 4°. Pression.	0m775

Obtenu :

Gaz azote	4cc2

qui deviennent, réductions faites :

à	4,204

Cela donne p. 100 de matière organique :

Gaz azote	5,255
Pesant	0gr006604

CARBONE ET HYDROGÈNE.

Globulithe................	$0^{gr}800$, contenant
Hydruline.................	160

Obtenu :

Acide carbonique...........	227
Eau.......................	105

Ce résultat donne p. 100 d'hydruline :

Carbone..................	38,69
Hydrogène................	7,27
Azote....................	6,60
Oxygène..................	47,44

Cette analyse ne se distingue de la première que par + 0,30 de carbone + 0,08 d'azote et — 0,24 d'hydrogène, différence qui n'altère nullement la formule $C^{14} H^{16} O^{13} Az$ qui en a découlé.

J'arrive à la composition d'un litre d'eau du sous-sol.

L'acide carbonique obtenu s'élève, pour 250 cent. cubes d'eau, à 0,154, ce qui fait quatre fois cette quantité, = $64^{millig}64$ pour 1 litre. D'un autre côté, 1 litre de ce liquide renferme $134^{millig}98$ carbonate de chaux, et $4^{millig}76$ carbonate de magnésie, qui exigent, pour passer à l'état de bi-carbonates :

Le premier..................	59,4 d'acide carb.
Le second...................	2,3
	61,7

D'après ce calcul, l'acide carbonique se trouverait dans la proportion exacte pour transformer les carbonates terreux en bi-carbonates. Mais nous avons vu plus haut que la quantité d'acide carbonique pour transformer ces sels en sesqui-carbonates était suffisante pour les maintenir en dissolution; il est donc probable qu'il en est de même dans l'eau du sous-sol. J'admettrai par conséquent ici qu'il y a *acide carbonique libre* et *sesqui-carbonates*, et on aura :

Acide carbonique libre.......	15^{cc}59
Sesqui-carbonate de chaux...	164^{m}68
— de magnésie.	6,41

Il est remarquable de voir cette eau abandonner tous les carbonates terreux qu'elle contient par son ébullition; en général, il ne s'en précipite guère que les deux tiers. Ce fait serait-il dû aux matières organiques et au sulfate de chaux qui se trouvent en assez grande proportion dans ce liquide? Je ne puis en prévoir d'autres causes.

Les substances organiques sont encore ici au nombre de quatre : 1° une *matière ulmique;* 2° l'*acide azocrénique;* 3° l'*hydramide;* 4° l'*hydruline.*

Partant de ces considérations, j'établirai la composition d'un litre d'eau ainsi qu'il suit :

Densité.................... 1,0005

Acide carbonique libre........	15 cent. cubes.
Air atmosphérique............	21

Nitrate de soude	0gr015
— de chaux	0, 002
— de magnésie	0, 001
Chlorure de sodium	0, 008
— de potassium	0, 003
Sulfate de chaux	0, 005
Magnésie	0, 003
Sesqui-carbonate de chaux	0, 165
— de magnésie	0, 006
Oxyde de fer	0, 003
Silice	0, 012
Alumine, chaux, oxyde de fer	0, 001
Ulmine	0, 004
Acide azocrénique	0, 013
Hydramide	0, 010
Hydruline	0, 004
	0gr253

0,253 — 31 acide carbonique = 222 ; trouvé 221 par l'expérience.

En calcinant les produits avec de la potasse, on obtient une frite légèrement colorée en vert, qui, dissoute, passe au rose par l'acide nitrique. Cette eau renferme conséquemment aussi des traces de manganèse.

§ III.

Eau de source.

Cette eau, dont la source est à 6m80 au-dessous de la surface du sol, possède une très-grande limpidité, ainsi qu'une fraîcheur excessivement délicate au goût. Par une expérience de dix années qui a tourné au profit de ma santé, je lui ai reconnu des propriétés digestives et sédatives éminemment remarquables. On verra par sa composition, qui est très-simple, qu'il doit en effet en être ainsi.

Sa température varie peu de 12° centigrades, ce qui fait qu'elle paraît à nos sens froide l'été, plus douce l'hiver. Sa densité est de 1,0055. Par son ébullition, elle dégage un gaz composé d'air et d'acide carbonique, et dépose des carbonates terreux incolores dans le rapport qu'indique cette expérience :

Eau	250 cent. cub.
Température + 12°. Pression.	$0^{m}770$
Gaz obtenu	17^{cc} contenant
Acide carbonique	12
Air	5

Réductions faites, ces nombres deviennent :

Acide carbonique	$11^{cc}64$
Pesant	$0^{gr}025$

Après l'extraction des gaz, il s'est déposé dans le ballon 0,53 *carbonates calcaires,* contenant 23,32 d'acide carbonique; cette même quantité de carbonate exige également 23,32 d'acide carbonique, on vient d'en obtenir 23,032. On pourrait donc admettre encore que le sel de chaux se trouve à l'état de bi-carbonate dans le liquide. Toutefois, m'appuyant sur les raisons que j'ai données plus haut, je le considérerai comme *sesqui-carbonate*. D'ailleurs, ces diverses manières de voir ne changent rien au résultat brut de l'analyse.

L'air analysé par la combustion vive du phosphore a offert la composition de l'air atmosphérique. Voici les données de l'expérience :

Air........................	45vol5
Résidu d'azote..............	36

Ce qui donne p. 100 volumes :

Oxygène....................	20,88
Azote......................	79,12

Dans l'analyse de l'air, par la combustion vive du phosphore, il est indispensable, lorsqu'on opère sur l'eau ordinaire, pour obtenir un résultat exact, de faire passer après l'expérience un fragment de potasse dans l'éprouvette courbe et d'agiter le gaz résidu dans la solution de potasse, qui instantanément diminue le volume de 5 à 6 centièmes.

Cette augmentation de volume dépend des carbonates contenus dans l'eau, dont l'acide se mêle à l'atmosphère d'azote, ce que l'on démontre en opérant sur l'eau distillée, avec laquelle le phénomène ne se manifeste pas.

Mais par quelle cause l'acide carbonique se dégage-t-il dans cette expérience, et comment ne se redissout-il pas dans l'eau de la cloche courbe, qui est plus que suffisante pour cet effet?

Je me suis livré à un grand nombre d'essais pour expliquer ce fait nouveau : successivement, j'ai fait passer dans un tube plein d'eau des acides énergiques, l'acide phosphorique principalement sur lequel mon attention devait se porter, et dans aucun cas je n'ai pu reproduire le phénomène; il ne se formait pas une bulle de gaz. Il faut donc admettre que pendant la combustion vive de phosphore, il se produit un corps particulier qui dégage le gaz des carbonates contenus dans l'eau, et s'oppose ensuite à sa dissolution. Mais ce corps nouveau, quel est-il? Serait-ce de l'ozone... un *ozonide de phosphore?* Je l'ignore.

Ce qu'il y a de remarquable, c'est que l'augmentation de volume ne se manifeste que lorsque, après l'expérience, l'appareil étant froid, on ferme avec le doigt l'ouverture du tube courbe, et que l'on agite le liquide comme pour détacher les gouttelettes de phosphore adhérentes à la partie courbe du tube; en ouvrant le tube alors dans le vase d'eau, la colonne de liquide est visiblement refoulée. La potasse, après agitation nouvelle, la fait remonter comme je l'ai dit. Rien de semblable avec l'eau distillée.

Par des traits de lime indiquant le volume de gaz, on peut calculer exactement le phénomène, et s'assurer que le volume de gaz carbonique est en rapport avec les carbonates et l'acide carbonique contenus dans l'eau; de telle sorte qu'on pourrait approximativement les apprécier par cette intéressante expérience.

Dans un travail spécial, je reviendrai sur cette observation, que je crois nouvelle, parce qu'il m'est venu dans la pensée qu'elle pourrait se rattacher à une note inédite sur les *phénomènes de la combustion à l'air libre*, que j'ai présentée à l'Institut il y a plus de vingt années, et qui est restée dans les cartons de l'illustre Thénard, rapporteur de ce travail.

Ces renseignements inscrits, poursuivons l'analyse de l'eau de source.

MATIÈRES FIXES.

Eau	50lit
Résidu obtenu	25gr

Contenant :

Sels solubles	10
— insolubles	15

Cela donne pour 1 litre :

Sels solubles	0,200
— insolubles	0,300

Une expérience sur 100 cent. cubes a produit le même résultat.

L'évaporation de l'eau de source a donné naissance, comme les eaux précédentes, à plusieurs houppes siliceuses de la plus grande netteté, sur lesquelles nous reviendrons bientôt.

PRODUIT SOLUBLE.

Ce produit se dessèche et se réduit facilement en poudre. Il est d'une couleur ambrée, soluble en toutes proportions dans l'eau. Sa solution est très-légèrement alcaline au papier de tournesol rougi, et répand une odeur de lessive assez marquée quand on la concentre. La propriété alcaline dépend de traces de carbonate de potasse.

Si on le chauffe dans un creuset, il entre en fusion en bouillonnant, noircit, enfin la matière organique se dissipe sans déflagration, malgré la présence d'une assez forte proportion de nitrate; et si l'expérience est faite avec précaution, 100 parties se réduisent très-exactement à 95.

Jeté sur les charbons incandescents, il fuse et en active la combustion, ce qui indique la présence d'un *nitrate*. L'acide sulfurique en dégage du *chlore*. Sa solution donne un précipité insoluble dans les acides par le chlorure de baryum, ce qui indique un *sulfate*. La potasse occasionne un léger précipité floconneux, soluble dans le chlorure d'ammonium, signe de la présence de la *magnésie*. Le nitrate d'argent produit un précipité soluble dans l'ammoniaque; cela dénote un *chlorure* déjà indiqué. Enfin, le bi-chlorure de platine, produisant un précipité jaune presque insoluble, accuse l'existence de la *potasse*.

De ces divers essais, on peut admettre que le produit soluble contient :

Un nitrate,
Un chlorure,
Un sulfate,

à base de potasse et de magnésie.

Nous verrons bientôt que la *soude* entre dans ce composé.

ANALYSE.

Sel soluble	100
L'alcool a dissous	77
Résidu	23

RÉSIDU.

Ce résidu est alcalin, fait une légère effervescence avec les acides, précipite par le chlorure de platine, ainsi que par les sels solubles de baryte. Sa plus grande partie se compose donc de sulfate de potasse et de carbonate.

La quantité de carbonate est si faible, qu'il ne m'a pas été possible de l'apprécier d'une manière rigoureuse par le chlorure de baryum. Une expérience d'un autre genre sera faite pour le doser.

Le résidu pesant 0,23 a été saturé par une goutte d'acide nitrique, puis dissous et précipité par le nitrate de baryte. On a obtenu :

Sulfate de baryte................ 29

qui correspondent à :

Sulfate de potasse.............. 21,69

$$23 - 21,69 = 1,31.$$

Si le sel était exempt de matière organique, 1,31 serait précisément la quantité de carbonate mêlée au sulfate de potasse. On verra que ce chiffre se rapproche beaucoup de la vérité.

Sel........................... 100

L'alcool a laissé un résidu

de........................... 92

Cette faible quantité de matière a exigé 80 cent. cubes d'alcool, à 37 Cartier, pour être complétement épuisée de ses principes solubles, *chlorures* et *nitrates*. Le résidu incinéré s'est réduit à 89; saturé par l'acide chlorhydrique, desséché et chauffé au rouge, son poids est revenu à 92. Par l'alcool chaud dans lequel je l'ai fait digérer, le chlorure formé en a été séparé. Le résidu de sulfate, chauffé de nouveau au rouge, pesait 87.

Perte en chlorure................ 5

L'alcool contenant le chlorure, placé dans une petite capsule, a été abandonné à l'évaporation spontanée; réduit à 1 cent. cube environ, le chlorure de platine a précipité immédiatement en jaune. C'était du *chlorure de potassium*.

5 chl. de potass. = 4,65 carb. potass.

$$\frac{4,65}{4} = 1,16$$

1,16 est, d'après cette expérience, la quantité de carbonate de potasse contenue dans 100 de sel soluble.

Ce résultat a été vérifié par le volume de gaz carbonique obtenu d'une quantité connue de sel.

Expérience :

1 gramme sel soluble = 1,000

a donné :

Acide carbonique...... 2 cent. cubes

à 0 de température et 0m765 de pression,

qui deviennent à 0° et à 760 de pression.

Acide carbonique..........	2,01
Pesant....................	0gr00597,

formant :

Carbonate de potasse.......	0,01248

Ce résultat donne 1,24 p. 100.

La moyenne de ces deux expériences égale 1,20. On peut donc considérer le résidu de sulfate et de carbonate comme composé de :

Sulfate de potasse............	21,69
Carbonate de potasse.........	1,20
Matière organique............	0,41

SOLUTION ALCOOLIQUE.

Ce liquide contient les nitrates, le chlorure et des traces de matière organique. Il a été évaporé, desséché et fondu pour dissiper la matière organique. Le résidu repris par l'eau a laissé déposer :

Carbonate de magnésie....... 0gr003,

correspondant à :

5,28 nitrate de magnésie.

Le sel obtenu par l'évaporation du liquide aqueux, déflagré avec du sucre, pour transformer le nitrate en carbonate, a donné un produit carbonaté pesant 59. Dissous et décomposé par le nitrate de baryte, il a fourni :

0,050 carbonate de baryte =
21,05 — de potasse =
30,78 nitrate de potasse.

Le liquide, dans lequel s'est formé le carbonate de baryte, légèrement acidulé par l'acide nitrique, a saturé 23 cent. cubes de nitrate d'argent titré, correspondant à 23 milligr. de chlore et à 37,90 chlorure de sodium.

37,90 + 21,05 = 58,95 pour 59.

Ces nombres expriment que la potasse et le sodium sont bien dans le rapport indiqué par l'expérience.

Un second essai par le bi-chlorure de platine a donné d'ailleurs des résultats à peu près semblables, que voici :

Après avoir séparé le chlorure et les nitrates du sulfate et du carbonate comme précédemment par l'alcool, j'ai évaporé la solution alcoolique et fondu le sel obtenu. Par l'eau, j'ai séparé le carbonate de magnésie formé du nitrate. L'évaporation du liquide aqueux a donné un sel qui a été déflagré avec du sucre pour réduire tout le nitrate en carbonate. Le produit pesait 59,5. Divers traitements alcooliques ont dissous le chlorure et laissé un résidu du poids de 21,5. Ce résidu carbonaté, transformé en chlorure, pesait 23. Dissous dans un peu d'eau fortement alcoolisée et précipité par le bi-chlorure de platine, j'ai obtenu, en observant les précautions les plus minutieuses, 72,5 chlorure double de platine et de potassium.

72,5 chlorure double correspondent
à 20,55 carbonate de potasse
et à 30,05 nitrate de potasse.

La moyenne de ces deux expériences donne 20,8 carbonate et 30,42 nitrate.

L'expérience ci-contre est donc aussi exacte qu'on puisse le désirer.

Dans ces diverses expériences, les chlorures ayant été le plus souvent fondus, se dissolvent assez difficilement dans l'alcool; aussi, pour hâter les opérations, j'ai l'habitude de faire tomber quelques gouttes d'eau dans le creuset pour dissoudre le sel. L'alcool que l'on fait agir ensuite le précipite en poudre impalpable, sur laquelle il agit avec plus de facilité.

Des expériences précédentes, il résulte que le sel soluble de l'eau de source contient, sur 100 milligrammes :

Nitrate de magnésie..........	5,28
— de potasse............	30,78
Chlorure de sodium..........	37,90

Sulfate de potasse............	21,69
Carbonate de potasse.........	1,20
Matière organique............	3,15

Si par notre méthode on cherche à contrôler ces nombres, on trouve que :

,100 de sel soluble produisent exactement :

100 de sulfates
et 150 sulfate de baryte.

Eh bien! si on transforme la composition trouvée en sulfates correspondants, puis en sulfate de baryte, on remarque que :

	Analyse.		Sulfates.		Sulf. baryte.
Nitrate de magnésie...	5,28	=	4,28	=	8,31
— de potasse.....	30,78	=	26,32	=	35,47
Chlorure sodique.....	37,90	=	46,05	=	75,69
Sulfate de potasse.....	21,69	=	21,69	=	29,01
Carbonate de potasse..	1,20	=	1,51	=	2,02
	96,85		100,05		150,50

Ces nombres sont aussi précis qu'on puisse le demander. La plus légère différence dans la proportion de soude, de potasse ou de magnésie, apporterait un écart très-sensible dans le sulfate de baryte.

Un litre d'eau contenant 0gr200 de sels solubles, sa composition devient égale ou double des résultats obtenus. On a donc :

Nitrate de magnésie.........	0gr0106
— de potasse...........	0, 0615

Chlorure de sodium.........	0gr0758
Sulfate de potasse..........	0, 0434
Carbonate de potasse........	0, 0024
Matière organique..........	0, 0060

PRODUIT INSOLUBLE.

Il est d'un blanc de neige, se compose en grande partie de carbonate de chaux et de magnésie, et de traces de globulithe, substance globulaire que j'appelle ainsi parce que la silice en constitue la plus grande partie, = 80 p. 100.

ANALYSE.

Sel......................... 0,500

Dissous dans l'acide chlorhydrique étendu, il a donné une dissolution complètement incolore et un léger résidu de globulithe pesant 0gr020.

SOLUTION.

Elle a été réduite au volume de 20 cent. cubes. Elle précipitait légèrement par le nitrate de baryte, non par l'ammoniaque. Ce liquide ne contenait par conséquent ni fer, ni alumine, ni phosphate de chaux. La potasse indiquait de la magnésie; l'oxalate d'ammoniaque de la chaux.

2 cent. cubes de cette dissolution, qui représentent

0gr050 de sel terreux, ont été desséchés jusqu'à disparition de l'excès d'acide, repris par l'alcool il est resté indissous 0gr001. C'était du sulfate de chaux.

La solution alcoolique renfermant les chlorures, desséchée de nouveau et sulfatisée, a donné :

Sulfate	64
4cc d'eau ont dissous	16, contenant
Sulfate de magnésie	10

Cela donne :

Sulfate de chaux	54 =	carbonate	39,7
— de magnésie	10 =	—	7

et p. 100 :

Carbonate de chaux	79,40
— de magnésie	14,00
Sulfate de chaux	2,00
Résidu siliceux azoté	4,00
Perte = hydramide?	0,60

RÉSIDU SILICEUX.

Cette portion insoluble pesait	20
Incinérée, elle s'est réduite à	16
Perte en matière azotée	4

Le produit de l'incinération était d'un très-beau blanc. Fondu avec du carbonate de soude, j'ai obtenu un silicate soluble entièrement incolore. Décomposé par de l'acide nitrique étendu, etc., la silice s'est présentée sous forme de poussière brillante au microscope, et tellement transparente qu'elle était invisible dans l'eau de lavage, d'où elle se précipitait.

Son poids était de	15,5
Perte	0,5

La solution n'a donné aucun signe avec l'ammoniaque; elle s'est opalisée avec son oxalate. On peut donc considérer le résidu siliceux comme composé de :

Silice	16
Matière azotée (hydruline)	4

0,500 sels terreux ayant fourni cette quantité, 100 contiennent :

Silice	3,20
Hydruline	0,80

En réunissant les deux membres de l'analyse, on a :

Carbonate de chaux	79,4
— de magnésie	14,0
Sulfate de chaux	2,0
Silice	3,2
Hydruline	0,8
Perte	0,6

Cette formule renferme 42,26 d'acide carbonique + 1,40 matières organiques = 43,66, qui peuvent se dissiper par l'incinération. Dès lors, si l'analyse est exacte, 100 de produit terreux carbonaté doivent se réduire à 56,34. Deux expériences ont donné constamment 56. Je ne suis donc pas très-éloigné du résultat théorique.

Un litre d'eau contenant 0gr300 de ce produit carbonaté, en multipliant par 3 les nombres précédents, on obtient le rapport au litre. On a donc :

Carbonate de chaux.........	258mil2
— de magnésie......	12, 0
Sulfate de chaux............	6, 0
Silice.....................	9, 6
Hydruline.................	2, 4
Hydramide.................	1, 8

La matière organique représentée par la perte ne peut être que de l'*hydramide*. Quant à celle qui est combinée avec la silice sous forme d'organisation globulaire, que j'appelle globulithe, c'est de l'*hydruline*. Elle se trouve encore ici, comme dans les eaux précédentes, combinée à la silice dans le rapport de 20 p. 100.

La globulithe, formée au sein d'un liquide qui ne contient que des traces de matières organiques, doit être dans son plus grand état de pureté, par conséquent très-propre à nous fixer sur la composition élémentaire de l'hydruline; aussi ai-je considéré une troisième analyse comme indispensable. La voici :

AZOTE.

Globulithe.................	0gr480, contenant
Hydruline.................	96

Température + 4°5. Pression 0m774

Obtenu :

Gaz azote.................... 5 cent. cubes
à 0° 76 pression.
Même volume = ... 5
Qui pèsent...................... 0gr00628

Cela donne p. 100 d'hydruline :

Azote............................ 5,2
Pesant........................... 6mil55

CARBONE ET HYDROGÈNE.

Globulithe.................. 0gr720, contenant
Matière azotée............. 144

Obtenu :

Acide carbonique............ 0gr205
Eau......................... 0, 097

Cela donne p. 100, pour composition élémentaire :

Carbone	58,44
Hydrogène	7,48
Azote	6,55
Oxygène	47,55

composition parfaitement en harmonie avec celles que j'ai formulées plus haut. La moyenne de ces trois ana lyses, faites sur des échantillons différents, devient :

Carbone	58,51
Hydrogène	7,42
Azote	6,55
Oxygène	17,52

qui conduit exactement à la formule

$$C^{14} H^{16} O^{13} A_z$$

que l'on peut considérer comme un composé d'un équivalent d'ammoniaque, $= H^3 A_z$, et d'un hydrate de carbone $= C^{14} H^{13} O^{13}$; mais je n'ai aucune preuve en faveur de cette constitution rationnelle qui donnerait la formule $C^{14} H^{13} O^{13} + H^3 A_z$.

Des résultats que je viens d'obtenir, et en considérant les carbonates comme sesqui-carbonates, on obtient pour composition d'un litre d'eau de source le tableau suivant :

Température	12°
Densité	1,00055
Air atmosphérique	20 cent. cub.
Acide carbonique	14
Nitrate de magnésie	0gr0106
— de potasse	0, 0616
Chlorure de sodium	0, 0758
Sulfate de potasse	0, 0454
Sesqui-carbonate de potasse	0, 0028
Matière analogue à l'ulmine	0, 0058

Sesqui-carbonate de chaux.....		0, 2906
— de magnésie.		0, 0530
Sulfate de chaux.............		0, 0060
Globulithe 0,012 =	silice....	0, 0096
	hydruline.	0, 0024
Perte ou hydramide...........		0, 0018
		0gr5634

0gr5634 — 64 acide carbonique = 0gr499,6 pour 0,500 trouvés par l'expérience.

Ce liquide, comme on le voit, ne contient que des traces de matières organiques, et sa composition est très-simple. Le premier membre de l'analyse, c'est-à-dire la portion soluble dans l'eau, se rapproche des formules médicales dites *tempérantes*, si salutaires dans les affections qui dérivent d'un état anormal des fonctions digestives et d'un trouble du système nerveux, etc. Le grand usage de ce liquide ne peut donc tourner qu'à l'avantage de la santé.

C'est vainement que j'ai cherché dans les eaux que je viens d'analyser la présence des *iodures* et des *bromures*. Je considère ces sels comme très-rares dans les eaux douces.

Parmi les substances que je viens de signaler dans les eaux, celles qui se précipitent sous forme de flocons filamenteux sont excessivement remarquables. Ces petites masses chevelues, du poids seulement de 5 milligrammes, sont de véritables organisations de la famille des *algues*, composées principalement de silice et d'une matière azotée. Vues au microscope, elles paraissent comme un assemblage de tubes cloisonnés, de 1/30 de millimètre de diamètre. Quelques-unes sont multicolores. Lorsqu'on les calcine sur une lame de platine, elles se crispent, brunissent légèrement, puis blanchissent, et le résidu qui, à peu de chose près, a conservé la forme du faisceau primitif, reste inattaquable par les acides. Vus dans cet état au microscope, les filaments, un peu détruits, paraissent blancs et opaques.

Il ne m'a pas été possible de faire d'autres expériences, en raison du peu de masse que présentent ces organisations ; mais je les crois composées dans le rapport de la globulithe que j'ai analysée plus haut, que je considère comme leur état globulaire.

J'ai voulu m'assurer si cette substance, qu'on aurait pu tout d'abord prendre pour du duvet, était particulière aux liquides que j'examinais, et, par un grand nombre d'expériences, j'ai pu me convaincre que sa formation était commune à toutes les eaux qui renferment de la silice, *cet oxyde se trouvant constamment dans ces liquides à l'état d'organisation complète ou globulaire.*

Ces algues, qui n'apparaissent qu'après l'évaporation de 10 à 15 litres d'eau, et lorsque le liquide est parvenu à une certaine densité, existent-elles toutes formées, ou bien éclosent-elles pendant l'évaporation?

Une expérience très-simple, qui consiste dans la filtration de l'eau, m'empêche de supposer l'existence de ces conferves dans les eaux. Comment, en effet, pourraient-elles passer au travers du filtre sans se détruire?... Mais alors, dans quel état s'y trouvent-elles?

Longchamp, abordant ce sujet à l'occasion de la *barégine*, pense que ces végétaux peuvent se former par la seule puissance de l'attraction. Il ne trouve pas plus étrange que les forces de l'affinité réunissent les atomes élémentaires en tubes vivants qu'en cristaux réguliers.

Il se peut qu'il en soit ainsi ; mais en attendant que de semblables assertions se vérifient, il me paraît plus rationnel d'admettre, avec les naturalistes, que ces êtres naissent d'individus, qu'ils se trouvent à l'état globulaire dans les eaux, qu'ils peuvent y germer et se développer par l'élévation de température. Cette opinion, d'ailleurs, est vérifiée par l'étude que le Dr Fontan a faite de la *sulfuraire*, qui est aussi une *conferve*, classée par quelques auteurs dans la tribu des anabaines, où elle y constituerait un genre nouveau.

« J'ai cherché à connaître, dit le Dr Fontan, le dé-
» veloppement de la sulfuraire, mais je n'ai pu encore
» parvenir à vérifier son mode de fécondation ; j'ai pu
» cependant suivre son développement depuis l'état de
» globule jusqu'à celui de conferve complète.

» Ces globules, après être sortis du tube, s'agglomè-
» rent au nombre de quelques-uns, se gonflent et finis-
» sent par se rompre par un point de leur circonfé-
» rence; peu à peu on voit sortir par cette déchirure
» un tube extrêmement fin, dans lequel on ne peut en-
» core apercevoir les globules; mais bientôt ce tube
» grossit et s'allonge, et présente tous les caractères de
» l'état adulte.

» Les filaments qu'on voit à l'œil nu sont des réu-

» nions d'un nombre considérable d'individus de cette » conferve, qui ne sont bien perçus isolément qu'à » l'aide d'un microscope [1]. »

Cette observation intéressante démontre jusqu'à l'évidence que la *sulfuraire* végète d'un globule microscopique. Or, ces globules peuvent facilement traverser les filtres, les pores de ceux-ci ayant plusieurs centièmes de millimètre de diamètre. Il est donc naturel de penser que les conferves qui se sont offertes dans mes expériences se sont formées pendant l'évaporation du liquide, par le développement de séminules existant primitivement dans l'eau.

L'*hydruline*, qui évidemment donne naissance à ces conferves, est une matière dont l'étude ne manquerait pas d'être féconde en résultats si on pouvait l'isoler de la silice sans altération ; mais résistant à tous les agents, précisément parce qu'elle se trouve dans un état physiologique avec un corps indissoluble, je ne vois guère la possibilité d'en faire une histoire satisfaisante. Toutefois, par un examen intelligent de la globulithe, c'est-à-dire des globules siliceux, peut-être parviendra-t-on à connaître l'origine et l'utilité de sa présence dans les eaux.

Les substances organiques azotées des eaux du sol sont au nombre de trois, contenant d'azote p. 100 :

1° L'hydruline	6,52
2° L'acide azocrénique	5,15
3° L'hydramide	5,69

[1] J.-P. Amédée Fontan : *Recherches sur les eaux minérales des Pyrénées*, page 88. Paris, 1838.

Quoi qu'il en soit, il découle de ce qui précède que l'histoire des eaux laisse encore beaucoup à désirer, et que tout un monde nous sépare de leur véritable *constitution organique*. Que les hydrologistes veuillent se donner la peine de réfléchir, en effet, que pas une de leurs analyses n'a été vérifiée par une expérience de contrôle, et que les matières azotées, dont la plus riche en azote n'en renferme pas 7 p. 100, ont été considérées comme de l'albumine.

Les sciences physiques et naturelles, la thérapeutique générale, partie de l'art de guérir qui s'appuie sur la connaissance intime des médicaments, etc., réclament, selon nous, de nouvelles recherches sur les eaux minérales. Nous souhaitons que cet immense travail soit abordé par de jeunes savants exercés aux expériences de précision, et dévoués à leur art.

Verteuil (Gironde), 1858.

(*Extrait des Actes de l'Académie impériale de Bordeaux.*)

www.ingramcontent.com/pod-product-compliance
Lightning Source LLC
LaVergne TN
LVHW020035170826
845678LV00001B/270

* 9 7 8 2 3 2 9 6 9 8 2 3 6 *